同一个爱

递安全 珍爱生命

青少年安全知识教育必读本

牛建华　常锦全　韩富贵　刘创录　主编

山西省安全生产监督管理局
山西省教育厅　　共同监制
共青团山西省委

山西日报报业集团青少年日记编辑部　　编制

山西出版传媒集团
山西人民出版社

图书在版编目（CIP）数据

同一个爱：青少年安全知识教育必读本 / 牛建华等主编.
—太原：山西人民出版社，2013.5
ISBN 978-7-203-08212-5

Ⅰ.①同… Ⅱ.①牛… Ⅲ.①安全教育-青年读物
②安全教育-少年读物 Ⅳ.① X 925-49

中国版本图书馆 CIP 数据核字（2013）第 108889 号

同一个爱：青少年安全知识教育必读本

主　　编：牛建华　常锦全　韩富贵　刘创录
责任编辑：冯灵芝
装帧设计：张燕燕　崔雅丽
出 版 者：**山西出版传媒集团·山西人民出版社**
地　　址：太原市建设南路 21 号
邮　　编：030012
发行营销：0351-4922220　4955996　4956039
　　　　　0351-4922127（传真）
　　　　　4956038（邮购）
E-mail：sxskcb@163.com　发行部
　　　　　sxskcb@126.com　总编室
网　　址：www.sxskcb.com
经 销 者：**山西出版传媒集团·山西人民出版社**
承 印 者：**山西出版传媒集团·山西新华印业有限公司**
开　　本：787mm×1092mm　1/32
印　　张：4.25
字　　数：50 千字
印　　数：1-10 000 册
版　　次：2013 年 5 月　第 1 版
印　　次：2013 年 5 月　第 1 次印刷
书　　号：ISBN 978-7-203-08212-5
定　　价：19.60 元

目录

社会安全

公共安全

意外事故

网络危害

自然灾害

学生安全

安全标志

踩 踏

学校是成长的乐园，在这里我们可以学到好多知识，结交好多朋友。但“乐园”中也时刻隐藏着危机——热闹的课间十分钟、拥挤的楼梯、学校的大型活动等人群聚集时刻，都很容易形成拥挤踩踏，因此，在校期间，我们有必要提高自护意识，同时掌握一些自护方法。

新闻事件回放：

2013 年 4 月 17 日下午，深圳市龙华街道书香门第小学组织 661 名小学生前往罗湖

区一家儿童体验中心进行拓展训练，训练结束后，一学生在乘坐电梯时致十多名学生发生踩踏和碰撞，最终导致9名学生受伤，其中两人头部骨折。

2009年12月7日，湖南省湘乡市某中学发生伤亡惨重的校园踩踏事件，造成8人罹难、26人受伤。

2009年11月25日，重庆彭水县桑柘镇中心学校下午放学时，学生在一楼、二楼楼梯口发生拥堵、踩踏，造成5名学生严重受伤，数十人轻伤。

2009年，某中学下晚自习时突然停电，大批学生滞留在楼梯上。这时，一位学生搞恶作剧，突然大喊“地震了”，致使学生们在黑暗中相互拥挤，共有16名学生被挤下楼梯，5人不幸死亡。

在校园或人群聚集的场合，遇到突发事件，要沉着冷静，听从指挥，安全有序地撤离现场。千万不可拥挤，以免导致踩伤、挤伤的后果。

看完上面的事例，毛毛教给大家五个避免发生拥挤踩踏事件的方法：

1.认识校园内的安全通道标志，能熟练地从通道标志所标示的安全通道通过。

2.按学校指定路线上下楼，在走廊和楼梯内行走要有秩序，互相谦让。

3.上下楼梯靠右走，人多时，不要

在楼梯上做系鞋带等弯腰的动作。

4.人多时不能推搡、拥挤，一旦发生拥挤，要保持冷静，不慌乱，不抢路。

5.发生拥挤时，要听从老师和疏散人员的指挥，有秩序地从楼内或楼梯上向楼外空地撤退，避免盲目向前冲。

有效预防很重要，而发生拥挤时，学会一些简单的自救措施等于为自己上了一份双保险。下面的这五条自救措施希望你能熟记于心：

1.发生拥挤时要保持冷静，确定自己的位置后尽快寻找最近的疏散通道，选定自己的避难路线，然后再采取行动。

2.发生拥挤时，若你被卷入混乱的人流中不能动弹，首先要正确呼吸，弯曲胳膊，护住腹部，腿要站直，不要被别人踩倒。尽量用背和肩承受外来的压力，随着人流的移动而移动。

3.等待移动中，要经常使身体活动活动，特别应注意不要被挤到墙壁、栅栏旁边去。如有可能，要尽快远离人流。

4. 及早松开衣服领口等较紧的地方，尽快将身上及头上的发夹、别针等有尖的东西拿下。

5. 双手随时做好防御的准备，切记：手插口袋是极其危险的。

砍伤

新闻事件回放：

2012年12月14日早上7点40分，河南省信阳市光山县文殊乡陈棚村完全小学发生惨案：一男子冲入校园砍伤学生23名，群众1名。

2010年3月23日早上7点20分，福建省南平市实验小学门口像平常一样聚集了一群等待入校的学生，而令人料想不到的是，短短一分钟内，一名中年男子手持凶器一连伤害13名小学生，最终8名小学生不幸殒命，5名小学生受伤。这些孩子中,年龄最大的也不过13岁。

2010年4月28日15时左右,一名男子混入广东省雷州市雷城第一小学,持刀砍伤了15名学生和1名为保护学生与歹徒搏斗的老师。

一个个鲜活的生命瞬间离开了我们,他们用自己生命的消逝为我们敲响了警钟。

遇到这样突发的类似伤害事件,毛毛教你这样做:

1.遇到危险时一定要冷静,不要盲目地充当英雄。

2.学会保护自己,要先把头部保护好,力求把伤害降到最低。

3.学会利用手中或身边物品避险,例如桌子、书包、棍子等。

4.在平时要想一想如果遇到危险怎么办，这样才能在真正遇到危险时知道如何去做。

5.遇到突发的危险情况，冷静机智应对非常重要，而团结的力量也不容忽视。在河南省陈棚村完全小学发生的惨案中，有一些班级的孩子在听见有人喊“疯子上楼”时，有十几个男同学堵住前面的门，闯入者踢了几脚门没踢开，又砸破了前面的窗户，见进不来，便转身离开了。这些孩子的机智、冷静、团结让人佩服，他们用自己的力量挽救了同学们的生命。

抢 劫

毛毛教你这样做：

1.遇到抢劫时，要冷静、勇敢，以保护自身安全为第一原则。

2.当他人抢劫自

己或同伴的物品时，应冷静观察，对双方力量的对比情况作出准确判断。在自身没有生命危险的情况下，具备反抗的能力或有有利时机，就可以努力反抗，全力保护自己的物品。

3. 如果对方人多势众并持有刀、棒等凶器，应放弃物品，确保自身不受伤害。但如果对方不但要强行占有物品，还对你的生命安全构成极大威胁时，就必须与歹徒斗智斗勇，以此来保证自身的安全。

4. 实在无法与对方抗衡时，可以看准时机向有人、有灯光的地方或宿舍区奔跑。

5. 不论对方的抢劫是否

成功，在事发时都应大声呼救。呼救可以有效遏制犯罪行为，并能为自己寻求帮助。

6.巧妙麻痹作案人。当已处于作案人的控制之下时，可采用语言反抗法理直气壮地对作案人进行说服教育，造成作案人心理上的恐慌。或采取幽默方式使对方放松警惕，以便自己反抗或逃脱。

7.采用间接反抗法。是指趁作案人不注意时在其身上留下记号，在作案人作案得逞后悄悄尾随其后注意其逃跑方向等。

8.及时报警，拨打“110”电话或到派出所报案。

拐　卖

新闻事件回放：

2013年3月27日下午6时许，甘肃省兰州市西固一家网吧内，两男一女强行将一名小学生带上一辆小轿车后离开，之后连骗带吓，强行将其带至舟曲卖掉。

某小学有一位小姑娘，在上学的路上遇到一位问路人，随后问路人提出让她乘他们的车一起过去，小姑娘感到去学校正好路过那个地方，就上了车，没想到车一直向前开去……小姑娘被拐卖了。

这是一个真实的故事，小姑娘的遭遇警示我们：由于青少年年纪较小，社会经验缺乏，还不具备分辨他人善恶行为的能力，因此，有必要了解一些应对陌生人的方法，快读一读下面的内容吧！

1.独行时，路遇陌生人搭话须保持必要的镇静和警觉。

2.如遇陌生人声称是父母的同事或朋友，要接你、带你去玩时，一定要提高警惕，应及时和父母通电话核实他所讲内容的真实性。切记：即便是关系很近的人，也不可轻易跟他走。

3.路遇陌生人问路，可以告诉他如何走，绝不能轻易为陌生人带路，或随意搭乘陌生人的车辆。

4.发现可疑人一直跟着自己时，不要慌张，尽量往人多的地方走，并寻找机会求救。

5.独处家中时，若陌生人敲门，不可随意开门， 最好的办法是隔着大门告诉对方父母正在休息，请他以后再来。

6.如有人想强行让你跟他走，应该立即大声求救。

7.不要独自去陌生的地方玩耍，如网吧、游戏厅等。

性骚扰

新闻事件回放：

案犯李某，20多岁，外地打工人员，连续尾随抢劫强奸作案10余起。他作案的对象，竟是那些脖子上挂着钥匙、放学后独自回家的少女，情节十分恶劣。

据相关调查显示，近年来小学生遭受性侵犯、性骚扰的事件有所增加，更有甚者发生在师生或熟人之间。多数情况下，缺乏基本的防卫意识是导致性侵犯、性骚扰发生的主要原因。

为避免发生性骚扰、性侵犯，我们应该从以下五方面积极防范！

1.对于不认识的异性，不要随便说出自己的真实情况。

2. 对自己特别热情的异性，不管是否认识，都要提高警惕。

3.一旦发现对自己不怀好意甚至动手动脚或有越轨行为的人，一定要严词拒绝，大胆反抗，并及时向学校有关领导和家长报告，以便及时加以制止。

4.学会用法律保护自己。

5.学点防身术，提高自我防范的有效性。

作为女生，我们在日常生活中应该注意些什么？

1.打扮大方，穿着得体，不要穿得过露过透。

2.不走僻静的道路，尽量避免夜晚单独回家。外出时，让朋友、家人知道自己的行踪。

3. 避免单独与陌生男子乘封闭的电梯，如果一旦遇到这种情况，应尽量站在离警钟最近的位置。

4. 夜晚不要独自一人乘坐出租车，以防出租车司机产生歹意。

5. 在一定时候要信任自己的直觉，如果发现有人心怀不轨，要立即躲避。

6.独自在家小心门户，坚决拒绝让陌生人进屋，尤其是推销员、修理工等陌生男人。另外，还要防止陌生人尾随入室。

7. 出入游人稀少的公园、卡拉OK厅、游戏厅、台球厅等地方应特别警觉，避免服食不知名药物和饮品。

8. 学习有效的防身自卫术，能用随身物品作为反击武器，快而准地攻击对方弱位，如眼睛、耳、鼻、下体等身体比较薄弱的部位。

9.遇事保持冷静，能随机应变，并与对方说话，以拖延时间。

垃圾食品

“吃洋快餐等于吃炸弹!吃薯片等于吃汽车废气!”读了这句话,你一定会说:“太夸张了吧!”其实一点都不夸张,营养学家曾为洋快餐取了两个绰号——“能量炸弹”和“垃圾食品”。想一下,如果你天天吃炸弹、吃垃圾,身体能健康吗?

新闻事件回放：

2012年8月2日，快餐业巨头麦当劳被媒体曝出其畅销食品麦乐鸡含有两种化学成分，一种是含有橡胶成分的“聚二甲基硅氧烷”，另一种则是从石油中提取的“特丁基对苯二酚”。

2004年3月24日，美国药品与食品管理局也公布了对750种食品的检测结果，再度证实了炸薯条、炸薯片、爆玉米花、炸鸡中这类致癌物质含量最高。

一系列检测结果的公布令全世界哗然，令那些嗜快餐如宝贝的孩子、大人望而惊叹……“洋快餐”已成为不折不扣的健康杀手！其实，大家熟悉的各种蔬菜如土豆、青菜，各种水果如苹果、梨，各色粗、细粮食，都富含丰富的营养素，只要我们合理搭配膳食，就能满足我们身体所需。同学们，向“垃圾食品”说再见吧，让我们一同携手，把洋快餐赶出校园，让健康的饮食走进千家万户！

拥有健康的体魄除了健康的饮食，还需要良好的习惯，日常生活中，我们应该做到：

1. 早晚洗脸、刷牙，睡前洗脚。

2. 饭前便后要洗手。

3.勤洗头，勤洗澡，勤剪指甲。

4.按时休息，保证有充足的睡眠，每晚睡 8 小时以上，夏季注意午睡。

5.积极参加体育锻炼，增强抗病能力。

6.每年体检一次，按时进行预防接种。

每天保证充足睡眠

加强体育锻炼

食物中毒

新闻事件回放：

2013年4月3日，四川资阳市雁江区某中心小学的部分学生陆续出现发烧、呕吐、腹泻等症状，截至4日10时30分，资阳市共计收治203例类似症状的患者，全部来自该校。经专家初步诊断，这些症状为急性胃肠炎所致。这些学生3日中午在学校食堂吃了土豆丝、西红柿炒鸡蛋等几个菜之后，陆续出现病症。据查，有可能是土豆引起的食物中毒。

瞧！食物中毒多可怕！“毛毛安全大使”提醒同学们预防食物中毒应该主要做到以下几点：

1. 养成良好的卫生习惯——饭前便后要洗手。假如手上沾有病菌，再去拿食物吃，污染了的食物就会进入消化道，从而引起细菌性食物中毒。

2.选择新鲜和安全的食品。购买食品时，要注意查看食品是否变质。尤其是袋装小食品，要查看生产日期、保质期，是否有厂名、厂址等标志。

3. 切生食品和熟食品所用的刀、砧板要分开。

4. 冰箱里存放的食物应尽快吃完。冷冻食品进食前要加热，因为不少细菌在冷藏、冷冻条件下不会死亡，绝不能把冰箱当作食品保险箱。

5.食品在食用前要彻底清洁。生吃的蔬菜瓜果要清洗干净；需煮熟的食物要煮熟，如豆角和豆浆中含有皂甙等毒素，不煮熟会引起中毒。

6.常温下饭菜的保存时间不得超过 2 小时，不吃剩饭菜。

7.不吃霉变的粮食、甘蔗、花生米，其中的霉菌毒素会引起中毒。

8.装有消毒剂、杀虫剂或鼠药的容器用后一定要放好或及时扔掉，警惕误食有毒有害物质引起中毒。

9.不到没有卫生许可证的小摊贩处购买食物。

10.消灭苍蝇、蟑螂等细菌传播媒介。

11.积极进行体育锻炼，增强免

疫力，抵御细菌的侵袭。

只要从以上几个方面多加注意，掌握一些预防方法，提高自我卫生意识，就能最大限度地减少食物中毒。

万一出现食物中毒症状，我们可以按照下面的方法、步骤开展自救、互救：

1.呼救。立即拨打“120”寻求帮助。

2.催吐。用手指或钝物刺激咽喉部，引起呕吐。也可以喝一些较浓的盐开水，如果喝一次不吐，可多喝几次，促使呕吐，尽快排出毒物。注意避免误吸呕吐物而发生窒息。

3.妥善处理可疑食物。对怀疑有毒的食物，禁止再食用。同时将中毒者的呕吐物、排泄物或血尿等收集起来，以便医院做毒物分析。

4.防止脱水。轻症中毒者应多饮盐开水、茶水或姜糖水、稀米汤等。重症中毒者要禁食8至12小时，可静脉输液，待病情好转后，再进食米汤、稀粥、面条等易消化食物。

传染病

新闻事件回放：

2002年12月至2003年的5月，南方某县中学先后有147名学生患有急性传染性肝炎。经该省疾控中心专家调查：该中学急性传染性肝炎引发以水源传染为主的肝炎的传播。

2004年9月，西部地区某中学由于食堂2名厨师、2名服务员都是伤寒杆菌的携带者，导致6名学生先后感染伤寒。

传染病是由各种致病微生物所引起的能在人与人、动物与人之间相互传播的疾病。我们大家都知道:传染病能引起流行性的相同病例,造成重大的经济损失。同时,一些人畜共患的传染病也严重地危害着人们的身体健康。

面对这冷酷、无情的现实,我们应该首先建立公共卫生的安全意识,掌握基本常识。在人类发展的历史长河中,各种各样的传染病曾给人类的繁衍带来过巨大的灾难。我们倡导大家关注生活细节,掌握基本的用药常识,了解各种传染病的预防措施。同时,我们应杜绝一切影响公共环境的行为。

关注生活细节,我们要从以下五方面做起:

1.讲究饮食卫生,不喝生水,不吃生冷和不清洁的

按时体检

品和餐具。

2.养成良好卫生习惯，尽量少到人群集中的地方聚会，以减少流行性疾病的传染。做到勤洗澡、勤换衣、勤理发、勤剪指甲等等。

食物，不喝酒，不暴饮暴食。饭前便后要洗手，饭后半小时内禁止做剧烈运动。不随便使用他人的生活用

3.积极锻炼身体，注重自身营养的均衡。

4.对发现的传染病人、病原体携

带者及疑似病人，可及时提醒有关部门或负责人，对其采取隔离等相关措施。

5.自觉接受相关疫苗的接种，提高免疫力。

流行性感冒与禽流感

流行性感冒,简称流感,是由流感病毒引起的急性呼吸道传染病。最常见的流感起病突然,畏寒、高热,体温可达 39℃～40℃,伴有头痛、全身肌肉关节酸痛、极度乏力、食欲减退等症状,常有咽喉痛、干咳、鼻塞、流涕等。如无并发症,发病 3～4 天后症状多会好转,但体力恢复常需 1～2 周。轻症者如普通感冒,症状轻,2～3 天可恢复。

禽流感是由禽中流行的流感病毒引起的一种急性传染病，通常只感染禽类,也能感染人。禽流感病毒可分为高致病性禽流感病毒、低致病性禽流感病毒和非致病性禽流感病毒。高致病性禽流感病毒目前只发现 H5 和 H7 两种亚型。由于种属屏障，禽流感病毒只在偶然的情况可以感染人，人感染后的症状主要表现为高热、咳嗽、流涕、肌痛等，多数伴有严重的肺炎，严重者心、肾等多种脏器衰竭导致死亡。此病可通过消化道、呼吸道、皮肤损伤和眼结膜等多种途径传播，区域间的人员和车辆往来是传播本病的重要途径。

预防流感的方法有：

1.锻炼身体，增强体质，提高抗病能力。

2.根据气候变化随时增减衣服。

3.保持室内空气流通。

4.养成良好的卫生习惯，打喷嚏时用手帕捂住口鼻，以防传染给他人。

5.在疾病流行期间，少到人群密集的公共场所，不到病人家串门。

为了大家的健康，“毛毛安全大使”搜集了一些关于禽流感的预防措施，供同学们参考。预防禽流感的十大原则：

1.注意个人卫生，勤洗手。

2.注意生活用具的消毒处理（如进行加热、沸煮、日晒及喷消毒液等）。

3.室内勤通风换气，少去空气不流通场所，避免接触发热病人。

4.勿接触病、死的禽畜类，慎重接触活禽。

5.手部有破损处理肉类时，建议戴手套。

6. 生熟食物要分开处理和保存。

7. 肉类及蛋类需完全煮熟煮透才可食用。

8.咳嗽、打喷嚏时要用纸巾掩住口鼻，不要随地吐痰。

9.如到医院看病，建议戴口罩，尤其是体弱者。

10. 加强营养和锻炼，多休息，避免过度劳累。

龋 齿

龋齿俗称“虫牙”，是少年儿童的常见病，可使牙齿缺损，不仅影响咀嚼、消化功能，严重者还可引起其他脏器的疾病。

减少龋齿的发生，大家要做到：

1.讲究口腔卫生，养成早晚刷牙、饭后漱口的习惯。

2.保证充足的营养，多食用含钙、磷和维生素 A、C、D 丰富的食物，如蛋、鱼、虾、瘦肉、猪肝及水果等。

3. 注意饮食平衡，多食用粗糙且富有维生素的食物。

4.坚持正确刷牙方法。

5.定期检查口腔，一般半年一次，发现龋齿应及早治疗。

定时检查口腔

近　视

近视，是以近视物清楚而视远物模糊为主要表现的眼病。同学们正处于生长发育时期，要特别注意用眼卫生。

“毛毛安全大使”为我们介绍了用眼的“三要三不要”，大家一定要熟记哦！

1.学习 1 小时左右要休息 10 至 15 分钟，可以向远处眺望，使眼部肌肉得到适当的休息。

2.要多吃含维生素A、B、C、D、E及钙、蛋白质的食物，使眼睛获得必要的营养。

3.要坚持做眼保健操。

4.不要躺在床上或趴在桌上看书，不要在行驶的车上看书，不要在光线过强或过暗的地方读写。

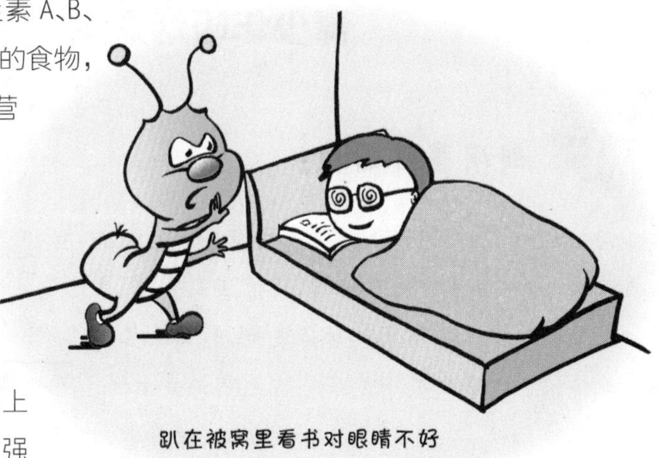

趴在被窝里看书对眼睛不好

青少年吸烟喝酒

新闻事件回放：

肖某，内蒙古人，在校大学生，已有5年吸烟史。自初三第一次吸烟后，一发不可收拾，为此曾被学校警告过，仍无法戒掉，现今已是一名“老烟枪”。一天至少一包烟的习惯使得肖某的身体变差，肺炎反复发作。

成都某校一名女高中生在一次同学聚会上喝了不少酒，结果聚会还没有结束女孩就晕过去了。她被送到医院时已完全昏厥，出现了休克，还伴有口吐白沫等症状。经检查，女孩属重度酒精中毒，有双目失明的可能。后经医务人员紧急抢救，女孩才得以脱险，保住双眼。

同学们正处于成长期，身体的各个器官还比较娇嫩，酒具有很强的刺激性，所含的酒精对肝、胃、神经中枢等伤害很大。饮酒还会降低自身的免疫力和智力，有百害而无一利，是我们应该坚决回避的。而且，有研究发现，经常独自喝酒或吸烟的青少年更容易出现其他异常行为，如偷盗和不愿与父母交流等。这类青少年的身体健康状况也常常要比其他同龄人差，往往在25岁前就开始陆续出现各种各样的疾病。为了自己健康美好的明天，请青少年朋友千万不要吸烟、饮酒，同时也要劝阻你身边的同学远离烟酒。

吸　毒

新闻事件回放：

2010年7月5日，广西灌阳县的一名初中一年级学生因为吸食毒品而死亡。

2012年1月24日，重庆市涪陵区破获有史以来最大一起在校生聚众吸食毒品案,11人集体吸毒,其中9人正在读高中。警方决定对吸毒的11人处以行政拘留，其中超过18岁的社会青年吴某被拘留10天。

据最新调查显示，在我国吸毒人群中，35岁以下的青少年比例竟高达77%，而且他们初次吸毒的平均年龄还不到20岁，16岁以下的吸毒人数更是数以万计。由于自控力弱，模仿力强，不具备明辨是非能力，加之部分青少年缺乏监护，文化程度低，容易把不良现象和行为当成时髦追求或认为是“酷”的表现，这是造成青少年染上毒瘾的最主要原因。

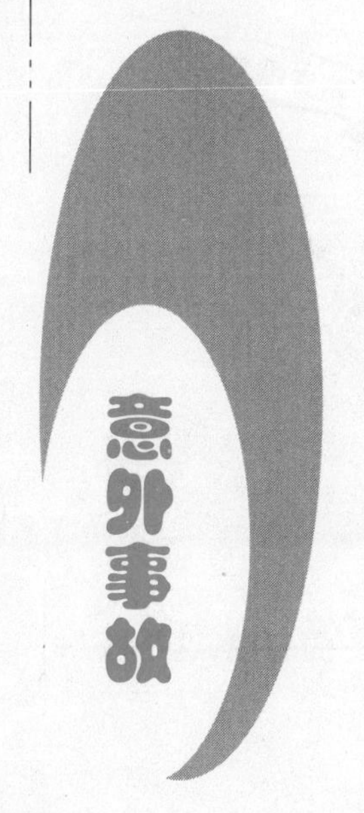

交通安全

新闻事件回放：

2011 年 12 月，郭某骑自行车经过一个十字路口，交通指示灯由黄转红，郭某因赶时间继续向前骑，被右转的小轿车当场撞成重伤，后医治无效死亡。交警认定，郭某违反交通规则导致事故发生，应承担主要责任。

2011 年 10 月，王某推着轮椅车带着腿脚不方便的母亲外出，在横过马路时与小轿车相撞，后其母亲因伤重不治身亡。交警判定，王某未走人行横道，违反交通法规，与肇事司机承担同等责任。

作为学生，为了自己及他人的安全，应自觉遵守交通法规，杜绝不良的交通习惯。

以下是我们常见的一些不安全行为，很容易导致交通事故的发生。我们必须时刻提高警惕，严格遵守交通规则，只有这样，交通秩序才能得到维护，生命才能绽放出多彩之光。

1.过马路不走人行横道、天桥；在马路上追逐打闹；穿越、攀登、跨越道路隔离栏；骑车和行走的时候不注意信号灯。

2.走路时看书，戴耳机听音乐，骑车时三五人并行。转弯时不减速，不看信号灯行车，在人行道、机动车道上骑车，逆行骑车。

3.有“汽车不敢轧我”“汽车要让我”的侥幸心理。

如果不幸我们遇到交通人身伤害事故，可采取下列措施：

1.在无人救助的情况下，尽可能移到安全地带，以免再次受伤。

2.保持镇静，不要紧张，针对伤势采取止血、包扎、固定等自救措施。

3.不要取出伤口内的异物，不要随便清理伤口，避免伤口感染。

4. 利用身边现有的材料如围巾、手帕、布条等折成条状绑在伤口上，用力勒紧，可暂时起到止血作用。

5.如有骨折，不要随便乱动，用现

有材料固定骨折部位。

6.设置显眼的标志，以便引起过往行人和司机的注意，得到及时救助。得到帮助时，告诉对方自己的身份，如姓名、学校名称、家庭住址、电话等；获救到医院后，要尽快与家长取得联系。

煤气中毒

新闻事件回放：

2012年2月14日，河北省南和县发生一起10名小学生在一出租屋内一氧化碳中毒，并造成其中3人死亡的事件。

2008年12月3日，陕北榆林市定边县堆子梁中学发生12名女生一氧化碳中毒事故。截至12月4日中午，11名学生因抢救无效死亡，另一名中毒学生还在抢救中。

如果发现有人煤气中毒，我们可以这样做：

1.打开门窗通风，切断气源。

2.把病人放在通风良好、空气新鲜的地方，注意保暖。

3.松开衣扣，保持其呼吸道通畅，清除口鼻分泌物，如果发现呼吸骤停，应该立即进行口对口人工呼吸。

4. 迅速拨打急救电话“120”“110”，说清患者所在的具体地点、方位。

5.如果房间里煤气浓重，不要按门铃或者拨打自家电话，以防爆炸。

触电

新闻事件回放：

2012年2月28日，济宁市鱼台县罗屯乡沈集小学一名13岁小学生小兵爬上学校墙头捡羽毛球时，被墙头上方10千伏的变压器击伤致残。

2004年6月30日中午，海口市某私立小学学生邓某，爬上电线杆掏鸟窝，不慎触电，从高空摔下，严重受伤。据医生介绍，因其触到了高压电，所以全身多处被烧伤，烧伤面积达16%，并且大多创面为深Ⅱ度烧伤。

同学们在享受现代化生活的同时，要了解家中有关电线、电源的常识，正确使用开关、插座等，注意用电的安全。

用电需谨慎，“毛毛安全大使”提醒每一位同学要记住下面几点：

1. 认识和了解电源总开关，学会和掌握在紧急情况下切断总电源的技能。

2.不用手或导电物（如铁丝、钉子、别针等金属制品）接触、探试电源插座内部。

3.不用湿手触摸电器，不用湿布、湿手接触、擦拭电器开关、插头。

4.使用多用插座时，不要插过多的插头，这样会造成电流量过大，电线、插座容易烧坏、烧焦，产生漏电的危险。

5.电器使用完毕或停电后应拔掉

电源插头，否则，来电时电器同时启动，容易烧断保险。

6.插拔电源插头时不要用力拉拽电线，以防止电线的绝缘体受损、破裂，造成漏电；电线表皮的绝缘体脱落时，要及时更换新线或用绝缘胶布对其进行维护。

7.安装电器、灯泡时要先切断电源。

8.不随意拆卸、安装电源线路、插座、插头等。

9.检查家里使用年限比较长的电器线路，避免电线老化。

10.不要在高压线下玩耍。

如果遇到触电危险，要保持冷静，你可以试着这样做：

1.立即关闭、切断总电源。切记不能徒手触摸受伤者，可以穿上胶鞋或站在干的木板凳上，双手戴上厚的

绝缘手套，用干的木棍、扁担、竹竿等不导电的物体挑开受伤者身上的电线，尽快将受伤者与电源隔离。高压线需移开10米方能接近伤者。

2. 脱离电源后立即检查伤者，发现心跳、呼吸停止立即进行心肺复苏。应坚持不懈地做下去，直到医生到达。

3.对已恢复心跳的伤者，千万不要随意搬动，以防心室颤动再次发生而导致心脏停搏。应该等医生到达或等伤者完全清醒后再搬动。

溺 水

新闻事件回放：

2013年1月11日，湖北省某乡发生一起4小孩溺水死亡3人的惨事。事故发生时，现场无防护网，无警示标语，无警示牌，特别是通往池底的放水门上没有上锁，也没有封堵，致使不到11岁的小孩下到冰面滑冰玩耍而溺水身亡。

2013年3月9日，5名小学生在河津市僧楼镇北王堡村农田一蓄水池涉水时，发生意外溺水身亡。

2011年4月26日，12名学生午饭后相邀来到位于寿县隐贤镇青龙村尤台组老淠河段浅水区玩耍，其中一名学生不慎落水，其他几名学生在救助中由于力薄，加之缺乏施救常识，5名学生又滑入深水区，溺水身亡。这5名身亡的少年均为男孩，其中4个14岁、1个13岁，5人中有4个学生为留守儿童。

触目惊心的伤亡事故令人痛心。炎热的夏季到了，我们应该做到以下“五不”：

1.不到野外水滩或水库游泳，能识别危险水源隔离区域，主动远离危险水域。

2.不到不知水情的地方游泳。

3.不独自一人外出游泳。

4.不活动身体就不下水。

5.不在水中打闹，身体不适要及时求助，千万不要惊慌。

6.有人溺水要冷静，不要贸然去救人。

“毛毛安全大使”教给大家一些自救的方法：

1.仰头，口向上方，使口鼻露出水面，保持呼吸通畅；呼气要浅，吸气要深，千万不要将手上举或挣扎，否则会使身体下沉。

2.如手指抽筋，可将手握成拳头，然后用力张开，迅速反复多做几次，直到抽筋消除为止。

3.如小腿或脚趾抽筋，可先吸一口气仰浮水上，然后用手握住脚趾，用力向身体方向拉，帮助抽筋的腿伸直。

4.如大腿抽筋，也可采用上一条介绍的办法解决。

“毛毛安全大使”教给大家一些互救的方法：

游泳时，如果自己的伙伴溺水了，同样需要保持冷静。救助溺水者一定要注意方法，否则后果不堪设想。你可以试着这样做：

1.大声呼救，向周围的大人请求帮助，然后拨打“110”“120”进行求救。

2.由于年纪较小，应在确保自身生命安全的前提下，再考虑下水救人。即使你会游泳，也不要贸然下水。万不得已时可在携带救生圈等保护物品的同时，递给溺水者一截木棍或树枝，营救者拉住另一端，尽快游泳将其拖带至岸边再行抢救。

3.营救者切不可从正面去拉溺水者，否则溺水者很可能会牢牢抓住你的手臂或搂住你的颈部而使你动弹不得，导致两人双双下沉。

4.游泳前要做热身运动；游泳时不要吃得过饱，也不能饿着肚子去游泳。

5.游泳池中不能跳水,不能嬉戏、打闹,以防出现意外。

6.游泳时发生抽筋,如果离岸很近,应出水到岸上进行按摩;如果离岸较远,应采取仰泳姿势,以求缓解;如果不见效,要利用未抽筋的肢体向岸边游,也可大声呼救。

7.游泳遇到水草时,应采用仰泳的姿势从原路游回。

8.遇到旋涡或暗流尽量避开,如果已经接近,切不可直立踩水或潜入水中,应立刻平卧水面,沿着旋涡边,用仰泳或自由泳姿势奋力游出。

9. 游泳时出现体力不支的情况,应仰浮在水面上恢复体力,恢复后返回岸上调整休息,也可呼喊求救,等待救援。

火　灾

新闻事件回放：

2012年10月20日，河南省金山区北泰路城西花苑5楼的一户居民房内，一对双胞胎男孩在屋里玩打火机时酿成火灾。事故造成房内一间卧室被烧毁，双胞胎一死一伤。

2012年3月17日，温州市区车站大道站前东小区新国光商住楼2栋3楼一出租房发生火灾。3月15日，消防部门调查发现，火灾是出租房内一名4

岁男孩用打火机玩火时不慎引燃窗帘布所致。

2013年4月27日，内蒙古凤起路春丰苑内2栋4单元602室的电视机突然冒烟起火，整个楼道被熏得漆黑。经专业人员检查，爆炸的“疑凶”是电视机老化引致。

2012年10月14日7时，青岛一居民张先生家的卧室内突然发出“嘭”的一声巨响，他进去一看，原来是开着的电视机着火了。他急忙端来一盆水去浇，谁知火势越来越大。这时，他还在想火为什么扑不灭，该怎么去扑，却忘了报警。结果火势一下子就蔓延到了整个房间，他受惊之余，竟不知往外逃生，径直躲到了天井的角落里。当消防人员赶到时，他家中物品已全部被烧光，所幸他本人被消防队员及时发现救出。

张先生的救火举措和自救方法至少存在四处不恰当的救护措施：

1.电器着火不能用水扑灭，要用专用灭火器或沙土，同时应及时关掉电源，以防火势蔓延。

2.发生火情，应及时报警。

3.在安全的前提下，应首先将易燃易爆物品搬离火源，以防酿成更大灾情。

4.在无法自救的情况下，应先尽可能逃出火场，而不是躲进某个角落。

总之，发生火灾时，要学会冷静应对，如果不懂如何去扑灭初火和控制火势，就要迅速分清轻重缓急，首先做到及时报警和逃生，以免造成更大的生命威胁与财产损失。

在居室内活动时，同学们难免接触有火源、热源的地方，此时一定要注意防止被烧伤、烫伤，特别是以下几点需要大家提高警惕：

1.端着开水壶、热锅或用茶杯盛开水时，一定要在手上垫上布，且放在不易被人碰到的地方。

2.用火炉、电器取暖时，不要离火炉、电暖气太近。

3.帮助父母烧水或做饭时，不要一边玩一边做，尤其是炒菜时，人不能离开，以免油烧得过热而着火。万一油锅着火，不要惊慌，可用锅盖迅速盖在锅上，然后将火熄灭或将锅端离火炉。

4.冷天往玻璃杯里或热水瓶里灌开水，应先用温水把杯子或热水瓶预热，以防炸裂而烫伤或扎伤自己。

5.使用热水袋取暖时要旋紧塞子，不能让

热水袋紧贴皮肤，最好用布或毛巾包上再使用。

6.吃饭时不要玩闹，以免碰翻或碰洒热汤、热粥，烫伤自己或他人。热汤、热粥等做好后，应先放着晾一下，等到不烫时再喝，以免过热的液体烫伤嘴唇和咽喉。

如果家中发生了不能自救的火灾，因为我们的年龄所限，应学会并掌握求生之法：

1. 边扑救边及时准确地报警，可叫大人来帮助救火。

2.如果火势不严重，在来得及救人的情况下，应尽可能救人，重点抢救老人、儿童和受威胁最大的人。如果不能确定着火地点是否还有人，一定要告知救火者具体情况。

3.封闭的房间内起火，如果火势很小，可用水桶等准备好灭火用水，迅速进入室内将火扑灭；如果火势较大，应呼喊邻居共同做好灭火准备，之后进入室内灭火；如果火势难以控制，要先将室内的液化气罐等易燃易爆危险品抢出。在撤离房间时可将贵重物品搬出；如果火已烧大，不可贻误疏散良机，更不能返回着火房间。

4.所处楼层较高时，可将房间内的床单、窗帘等织物撕成能负重的布条连成绳索，系在窗户或阳台的构件上，向无火层逃离。

5.带火者应迅速卧倒，就地打滚灭火或用水灭火；当所有通道被切断时，最佳的避难场所是卫生间，可关紧卫生间房门，并用湿毛巾堵住门的缝隙，为自己争取更多的营救时间。

6. 如果屋里着火并有很大的烟时，应尽可能用湿毛巾捂住鼻、口，以免被浓烟熏晕，并迅速爬行到门口。开门时要用湿毛巾等物将手包住，以免手被烫伤。

当我们发现电器设备出现过热、冒烟、有焦糊味、声音不正常等现象甚至起火时，我们一定要冷静处理：

1.火初期，建议将家电插头从插座拔下或者切断家中总电源，用干棉被捂住家电或者用灭火器灭火，3 至 5 分钟后，把被（或毯）子拿掉，免得时间太久，被（或毯）子烤焦着火。

2.切不可在未切断电源的情况下用水扑救（即使切断了电源，也不建议用水）。

3.火中期，建议迅速切断家中总电源，在感觉无法控制火灾时迅速撤到安全地点，拨打火警电话 119。

宠物咬伤

被宠物咬伤怎么办？毛毛教你做：

1.一旦被狗咬伤，都应按疯狗咬伤处理。

2.要立即处理伤口，首先在伤口上方扎止血带，防止病毒流入全身。

3. 用洁净的水或肥皂水对伤口进行流水清洗，彻底清洁伤口，然后擦上75%的酒精进行消毒，最后涂抹2%~3%的碘酒，但不要包扎。

4. 迅速送往医院进行

诊治，注射狂犬疫苗和破伤风疫苗(在24 小时内)。

5.狂犬病病毒进入人体并不立即发病，发病潜伏期长短不一，短者十数日，长者可达半年、一年以上，故不可因此而掉以轻心，错过有效的预防治疗期。

6.猫的身上有时也携带有狂犬病毒，所以平时注意不要让猫爪抓伤皮肤。

登　山

郊游时，很多人选择登山游玩。虽然登山对人的身心健康大有好处，但也潜伏着一定危险。

为了保证安全，同学们应该做到：

1.登山时要有老师或家长带领。

2.慎重选择登山地点。登山前，要向附近居民了解清楚当地的地理环境和天气变化情况，选择一条安全的登山路线，并

做好标记，防止迷路。

3.备好运动鞋、绳索、干粮和水。尤其在夏季，一定要带足水，防止虚脱、中暑。

4.随身携带急救药品，如云南白药、止血绷带等，以便在发生摔伤、碰伤、扭伤时派上用场。

5.登山时间最好选在早晨或上午，午后下山。不要擅自改变登山路线和时间。

6.背包要背在双肩，以便于双手来抓攀。可用长棍作手杖，帮助攀登。

7.不在危险的崖边照相，以防发生意外。

坠 楼

新闻事件回放：

2012年10月22日，浙江三墩颐景园10栋一个小孩从8楼家里掉下。

2011年7月2日，杭州小女孩妞妞从10楼家中飘窗坠下。

2010年3月19日，一个6岁男孩睡醒后爬上飘窗找妈妈，一探身，从14楼掉了下去。

一个个鲜活的生命为我们敲响了警钟。在居室中活动，由于空间的限制，难免发生意外，因此我们要牢记下面的“七不要”：

1.不要爬得太高，特别是不要叠摞凳子攀爬。

2. 不要从窗户或阳台上往下探身。

3. 不要在床上、沙发上玩耍、蹦跳、翻跟头。

4.不要在屋内追跑打闹。

5.不要在屋内用棍棒打逗。

6.不要猛关门框、窗框、抽屉。

7.不要在无人监护的情况下使用刀叉。

网络危害

网络危害

网络是把“双刃剑”,它的大信息量真正把学生带进了知识的海洋,在这里大家可以学到更多的知识,学会更多的技能,增强现代意识;在网上,学生很容易得到理解和尊重,同时可以共同探讨学习问题,锻炼交流、合作等多方面的能力;网络的开放性使青少年找到了缓解压力的场所。

但同时,网络也正在危害着我们广大的青少年:一些不健康内容,如色情、暴力信息泛滥,毒害学生身心健康;而长时间上网会导致青少年学生人生观、价值观取向错位。因此，我们在网络中必须具有很强的分辨能力和自控能力。让我们大家共同遵守网络文明公约，使网络更加文明、干净，成为保证我们健康成长的基石！

近年来，因为沉迷于网络而放弃学业、离家出走甚至是犯罪事件时有发生，有的人还付出了生命的代价。

新闻事件回放：

2011 年 6 月 12 日，广州市越秀区 16 岁少年阿涛因母亲不给上网费，持刀杀死母亲。

2009年4月22日，南昌一名沉迷网络游戏的高三学生在网吧上网玩游戏时因过度紧张、激动而猝死。

2005年11月14日，年仅16岁的少年胡彬在服用了农药之后，被紧急送往安徽医科大学第一附属医院进行抢救，到达医院时，胡彬已经生命垂危，两天后，胡彬离开了这个世界。对于胡彬采取这种极端的方式结束自己的生命，胡彬的家人、老师和同学一致认为网络游戏是胡彬自杀的罪魁祸首。这是因为胡彬在自杀前，曾经在当地一家名叫飞宇的网吧里疯狂地玩了11天的网络游戏，随后就发生了自杀的悲剧。2005年11月16日，胡彬在死前说的最后几句话是："有妖怪过来了，杀光！杀光！"在病床上，孩子的手还在动，似乎还在打着游戏。

据调查，在大多数学生网络游戏玩家中，有80%的同学成绩处于中下水游水平，而在这80%中有超过一半的同学是因为玩网络游戏而成绩下降。这些同学之所以成绩下降，是因为过分沉迷于游戏中，他们普遍有逃课现象。有的同学甚至通宵达旦玩网络游戏，在网上流连忘返，对学习没有兴趣。白天上课，他们精力不集中，有的在课堂上睡觉。他们几乎无时无刻不想着游戏中的情节，想着如何去战胜别人、如何去盗取别人的账号等，长期不思学习，以至于成绩下滑，有的考试几门不及格，甚至被学校勒令退学。

一件件事例、一组组数据为我们敲响了警钟。网络开启了同学们通往世界的窗口，但是网络也让同学们迷失了自己前行

的方向，关闭了与他人沟通的心灵之门。

网络资源这把双刃剑，带给我们无限知识的同时，也给我们带来无穷的烦恼。让我们一起看一看网络与青少年的“四大问题”吧！

1.漫无目的的聊天在时间上很难控制，生动的游戏同样需要花费大量的时间，再加上青少年天性爱玩而自制力又很差，因此很容易造成上网成瘾。

2. 电脑网络中有一些宣传黄色、暴力等内容的网站，还有一些政治上反动的网站，而青少年的是非辨别能力还很差，经常浏览黄色和暴力内容易造成性格扭曲。

3.由于年龄关系，青少年的自控能力比较差，又不善于取舍，沉湎于网络而荒废学业的可能性非常大。

4.生理上青少年正处于快速发育时期，若过长时间与电脑相处，不仅眼睛超负荷运转危害视力，也会使脊椎变形，身体健康受到威胁。

很多青少年都喜欢玩网络游戏，有些是小游戏，有些是大游戏。小游戏所需时间较短，易记忆，一般不会上瘾，危害相对较小。而大游戏所需时间比较长，内容比较复杂，爆破、枪杀等恐怖镜头频繁，极易上瘾，而且很多游戏还要付费。游戏玩久了会使青少年情绪不稳定、失眠，有时还会发生神经错乱现象，在高分贝音响下或长时间戴耳机后，青少年会对声音极度敏感，即便轻微的声音也会激动得心跳、冒汗。长期如此，有可能导致神经衰弱！打游戏影响青少年的身体健康，会玩出毛病来，还会造成近视眼，甚至影响智力。

“毛毛安全大使”建议青少年做到“十注意”：

1.你的姓名、年龄、E-Mail地址、家庭地址、电话号码、学校、班级名称、父母的姓名和身份以及你自己和家人的照片都是比较重要的个人资料，向任何人提供这些资料都应该事先

征得家长的同意。

2.在网上使用 E-Mail、进入聊天室或者参加其他的网上活动往往需要用户名和密码，把它们藏好，不要随意告诉别人。

3.邀请父母陪你一起上网，安装具有屏蔽过滤功能的软件，以屏蔽过滤掉不适合青少年接触和浏览的网站内容。

4.在一些公共的留言簿或聊天室内，你可能会收到一些感觉怪怪的、让你讨厌的东西，千万不要自己去回应它们，马上离开并把这件事告诉你的父母或者其他年长的好朋友，让他们来帮助你。

5.要警惕某些人向你无条件提供礼物或者金钱，特别警惕向你发出参加聚会的邀请或者到你家拜访的事情，并及时将这类事情告诉自己的父母，征求他们的意见。

6.与在网上认识的朋友相约见面可能是件很开心、很新奇的事情，但也可能是件很危险的事情。可以请父母帮你安排，第一次见面最好在公众场所，且有父母陪同。

7.切记：在网上伪装自己的身份真是再容易不过的事情！一个自称是"12岁小女孩"的人可能实际上是个没安好心的成年男子。

8.当你收到怪异的、来路不明的或者有不明附件的电子邮件时，不要回信，最好也不要打开，删除后马上告诉家长或年长的好朋友。

9.在公共场所上网，应避免输入自己的个人信息，离开之前一定要将打开的浏览器关闭。

10.在网上交朋友，一定要像在生活中结交朋友那样去了解他们，千万不可盲目投入。

上网虽然很有趣，但沉迷其中绝不是件好事情。同学们要合理安排上网时间，有选择性地浏览网上信息，不要让它影响了我们正常的学习和

生活。

在这里，毛毛为喜欢上网的朋友提供七条安全守则，望大家能够积极遵守：

1. 网络中，千万不要轻易给出任何真实的信息，谨慎发送自己的照片，以防找来不必要的麻烦。

2.网络中的朋友的可信度是很低的，尽量不单独约见网友，谨防那些居心叵测之徒。

3.网络信息形态万千，真假难辨，我们要保持头脑清醒，作出正确的判断。

4.上网时遇到色情网页及反动信息，控制自己的好奇心，不去点击浏览。

5.当你独自在家，最好不要允许网上认识的朋友来访问你。

6.网络购物方便、快捷，但有时也是无形的陷阱，我们应提高警惕。

7.适当控制使用网络的时间。

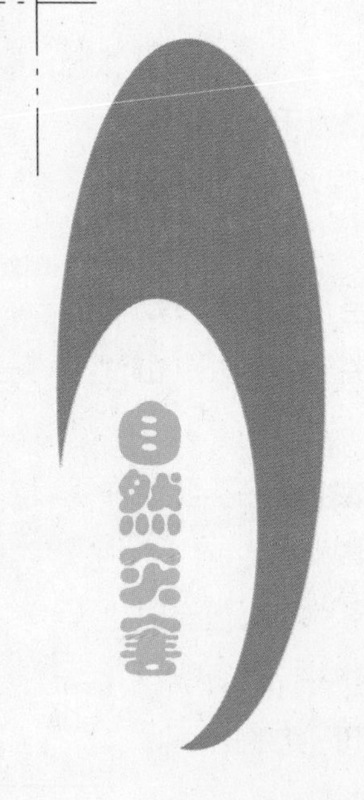

雷　击

新闻事件回放：

2012年9月20日，鹤壁市山城区某小学的4名学生同时被雷电击中,其中,一名10岁男孩经抢救后不幸死亡;一名9岁的孩子眼部受皮外伤,鼻骨骨折;另外两个孩子伤势轻微，不影响正常上课。

2012年6月15日，大连长海县大长山镇四块石小学操场上，5名四年级小学生遭雷击，电流贯穿宋国璟与赵展成的身体，两人倒地昏迷，身上被多处灼伤，另外3人仅受轻伤。据查，受伤较重的两名同学所打的雨伞可能是引发雷击的原因。

2007年5月23日，重庆市一所小学由于将校舍建在山坡上，校舍两旁各有一棵大树。当雷阵雨突然而至时，正在上课的师生没有及时关紧门窗，致使班中7名同学遭雷击身亡。

以下七条建议，可使青少年有效预防雷击。请青少年朋友把学到的方法讲给爸爸、妈妈及其他朋友听，让大家都来科学防雷，好吗？

1.打雷时，不要到湖泊、江河、海滩等处钓鱼和划船，也不要游泳。

2.打雷时，不要在平坦的开阔地带骑马、骑自行车、开摩托车或开拖拉机。

3.打雷时，在室内相对比较安全，但需紧闭门窗，不要把头或手伸出窗外。关掉电视，拔掉一切电源插头，不要长时间接听电话。不宜使用淋浴冲凉，不要触摸水管、煤气管道等金属管道。

4.在空旷的田野上，应该尽量寻

找低洼地(如土坑)藏身，或者立即下蹲，双脚并拢，双臂抱膝，头部下低。要尽量降低自身高度，不应该把铁锹、锄头、高尔夫球棍、金属杆雨伞等带有金属的物体扛在肩上并高过头顶，要迅速抛到远处，更不能拿着这些物品在旷野中奔跑，否则会成为雷击的目标。

5.在市郊地区，可以选择装有金属门窗或设有避雷针的建筑物躲藏，也可躲进有金属车身的汽车内。

6.在稠密树林中，可以找一块林中空地，双脚并拢蹲下，切记：在大树下、高楼烟囱下、地势高的山丘处躲雷雨或停留是极不安全的。

7.在山间旅游，如路遇山洞也可进入避雷。

“天有不测风雨，人有旦夕祸福”，万一你碰到被雷击伤的人，可以从以下几方面帮助他：

1.受雷击而烧伤或严重休克的人，身体并不带电，应马上让其躺下，试着扑灭他身上的火。

2.立刻拨打“110”“120”等待救援。

3.若伤者已停止呼吸或心脏停止跳动，应迅速对其进行口对口人工呼吸和心脏按压，并及时送往医院急救。

地 震

强烈的地震，常会造成房屋倒塌、大堤决口、大地陷裂等情况。

这里按不同的地点给青少年讲解了地震发生时保护自己的方法，快读一读吧！

1.平房遇震，床（桌）下躲避，要用被褥保护头部，地震间隙，尽快转移，房屋倒塌，勿动待援。

2.楼房遇震,小屋(厕所、厨房等)避震,选择角落,护头为先,阳台、窗下不可避险。

3.上课遇震,切勿惊慌,不跑不叫,桌下躲藏,紧靠墙根,双手护头。

4.离开房间,震停勿回,小心余震,威胁更大。

5.公共场所,发生地震,不能惊慌,不随人挤,择地避险。

6.街上遇震,不进建筑,远离高楼,避开广告、狭窄胡同,迅速跑离,桥头桥下勿要停留。

7.被埋地下,胸腹除物,捂住口鼻,防止烟尘,保存体力,寻找食水,创造条件,等待救援。

沙尘暴

“毛毛安全大使”告诉大家沙尘暴的应对方法：

1.注意人身安全。扬沙天气在户外活动应尽可能远离高大的建筑物，不要在广告牌下、树下行走或逗留。

2.避开风沙锻炼。出现沙尘天气时应关好门窗，减少外出，更不宜在室外进行体育运动和休闲活动。

3.外出注意挡沙尘。如果外出，最好使用防尘口罩，以有效减少或防止灰尘

进入呼吸道和肺部器官。沙尘进入眼睛容易造成角膜擦伤、流泪等，这时不能用脏手揉搓，应尽快滴几滴眼药水，或用流动的清水冲洗。出行时最好带上备用的风镜。

4. 多喝水，多吃蔬菜水果。从外进家后，先用清水漱漱口，清理一下鼻腔，减轻感染的几率。

打 架

新闻事件回放：

周某和李某是同班同学，两人怎么也没想到他们之间的一次冲突居然殃及其他同学。2010年12月31日中午，周某用同学李某的作业本擦桌椅，李某与其争执，后发生打斗，随后，赶来劝解的黄某和陈某也加入打斗。混乱中，折断的凳子腿砸中正在教室内学习的杨某，一声惨叫，杨某捂着右眼痛苦地挣扎着。随后,杨某被学校立即送往医院,经诊断为右眼球破裂伤、外伤性白内障。事情发生后,几位肇事学生的家长也赶到医院,并拿出几千元交了医疗费。杨某伤情好转出院后,因与学校、肇事学生家长就赔偿问题协商不成,便诉诸法律。

2011 年 2 月 12 日, 雅安市名山县某中学读高三的杨鹏意得知就读同校的表弟遭同学杨某强收 50 元保护费后,当即将这一情况告知社会青年陈敏。随后,双方纠集人员, 引发系列有组织的殴斗事件,并造成多人受伤,影响十分恶劣。法院一审判决,陈敏、杨鹏意、唐白晓、郑李建、冯良杰、王明(未满 18

岁，系化名）犯聚众斗殴罪，分别被判处有期徒刑4年至拘役6个月；陈敏犯故意伤害罪，被判处有期徒刑3年。

2012年2月14日，见港片里的“古惑仔”很威风，海口市高中生符某采取威胁、贿赂等手段控制了原初中母校的2名学生，并利用这二人向母校低年级同学收取保护费。在一年半的时间里，这3人（均未成年）共向13名学生敲诈勒索2万余元人民币。目前，三名嫌疑人均被警方抓获，案件正在进一步审理中。

网络游戏及电影、电视剧中的一些暴力情节使一些学生盲目崇拜暴力，甚至认为有暴力行为的学生很厉害，和他们在一起很威风。久而久之，自己也沾染了欺负其他同学的习气。中小学生辨别是非的能力还有待加强，什么是真正的正义感，怎样才能让大家真正地尊重你，都是有必要正确认识的。

生活中，同学们要把握好自己的思想，自觉遵守校内外纪律和国家的法律、法规；不和不三不四的人交往；按时上学、放学，按时回家；放学和上学的途中与同学结伴而行，不要单独行动。

在合法权益受到严重侵害或遇到突发事件时，你可以这样做：

1.遇事冷静，不与对方起正面冲突。宁可失去财物，也要保全自身安全。

2.及时将遇到的事情告诉老师和家长，要注意记住对方的人数、体貌特征等情况。

3.巧妙回避对方刁难，尽量与其周旋，可主动放弃财物寻找时机脱身，为自己求救创造时间和机会。

中学生正处于人生观、价值观形成的关键时期，是一个自我整合的重要阶段。这一阶段的青少年好奇心强，情绪情感丰富强烈，渴望交流，但缺乏社会经验，自制力较差，容易受不良诱惑的侵蚀，缺乏对社会生活是非、曲直、美丑的辨别能力。如果引导不力，容易导致青少年自我行为失控。很多青少年由于长时期沉迷于网络、沉迷于游戏中的打打杀杀，不知不觉将虚拟世界的暴力手段转移到现实生活中，把抢劫当成一种刺激的游戏来“玩”，正是这种情况的典型表现。

安全标志

了解并认识常用的安全标志，可以帮助我们在紧急时刻快速撤离，脱离危险，“毛毛安全大使”为我们收集了一部分常用、常见的安全标志，你也可以照样收集。

禁止跨越　禁止跨越　禁止入内　禁止吸烟

禁止烟火　禁止带火种　禁止堆放　禁止攀登

禁止某两种车通行

禁止非机动车通行

禁止行人通行

禁止停车

当心腐蚀

当心有毒气体

当心滑倒

当心障碍物

高压危险

噪声有害

注意安全

当心触电

止步
高压危险！

禁止攀登
高压危险！

灾害无情，躲避有招。毛毛“救护站”仅仅为我们收集了几种避灾方法，其他灾害的躲避还需要我们多观察、勤积累，做生活的有心人哦！

常见自然灾害预警信号：

1.台风预警信号

2.暴雨预警信号

3.雷雨大风预警信号

4.冰雹预警信号

5.高温预警信号

6.寒冷预警信号

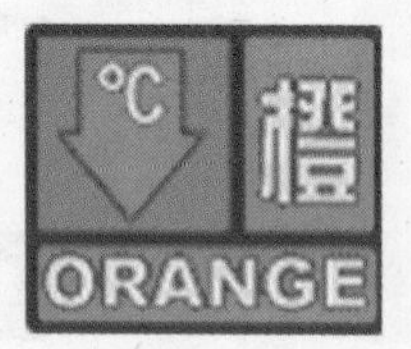

7.大雾预警信号

8.道路结冰预警信号

9.森林火险预警信号

暴雨

信号名	图标	含义
暴雨蓝色预警信号	暴雨 蓝 RAIN STORM	12 小时内降雨量将达 50 毫米以上，或已达 50 毫米以上，可能或已经造成影响，且降雨可能持续。
暴雨黄色预警信号	暴雨 黄 RAIN STORM	6 小时内降雨量将达 50 毫米以上，或已达 50 毫米以上，可能或已经造成影响，且降雨可能持续。

暴雨2

信号名	图标	含义
暴雨橙色预警信号		3小时内降雨量将达50毫米以上,或者已达50毫米以上,可能或已经造成较大影响，且降雨可能持续。
暴雨红色预警信号		3小时内降雨量将达100毫米以上,或者已达100毫米以上,可能或已经造成严重影响，且降雨可能持续。

信号名	图标	含义
寒冷黄色预警信号	℃ 黄 YELLOW	预计因北方冷空气侵袭，当地气温在 24 小时内急剧下降 10℃以上，或日平均气温维持在 12℃以下。
寒冷橙色预警信号	℃ 橙 ORANGE	预计因北方冷空气侵袭，当地最低气温将降到 5℃以下。
寒冷红色预警信号	℃ 红 RED	预计因北方冷空气侵袭，当地最低气温将降到 0℃以下。

冰雹

<table>
<tr><th>信号名</th><th>图标</th><th>含义</th></tr>
<tr><td rowspan="2">冰雹橙色
预警信号</td><td></td><td>6小时内可能出现冰雹伴随打雷天气,并可能造成雹灾。</td></tr>
<tr><td colspan="2">防御指引:注意天气变化,做好防雹和防雷电准备;妥善安置易受冰雹影响的室外物品,如小汽车等;老人、小孩不要外出,留在家中;将家禽赶到带有顶棚的安全场所;不要进入孤立的棚屋、岗亭等建筑物或大树底下,出现雷电时应当关闭手机;做好人工消雹的作业准备并伺机进行人工消雹作业。</td></tr>
</table>

冰 雹 2

<table>
<tr><th>信号名</th><th>图标</th><th>含义</th></tr>
<tr><td rowspan="2">冰雹红色预警信号</td><td></td><td>2 小时内出现冰雹伴随雷电天气的可能性极大，并可能造成严重雹灾。</td></tr>
<tr><td colspan="2">防御指引：户外行人立即到安全的地方暂避；相关应急单位随时准备启动抢险应急方案。其他同冰雹橙色预警信号。</td></tr>
</table>

高温

信号名	图标	含义
高温黄色预警信号	℃ 高温 黄 HEAT WAVE	天气闷热。一般指24小时内最高气温将接近或达到35℃或已达到35℃以上。
高温橙色预警信号	℃ 高温 橙 HEAT WAVE	天气炎热。一般指24小时内最高气温将要升至37℃以上。
高温红色预警信号	℃ 高温 红 HEAT WAVE	天气酷热。一般指24小时内最高气温将要升到39℃以上。

附：

“国寿财险”杯

全省中小学生自救自护安全知识竞赛试题

本试题为单选或多选题，请把正确答案填在题后的答题卡上。

1.发生拥挤，若你被卷入混乱的人流中时，最有效的避害方式是（　　）

A.弯曲胳膊，护住头部。

B.在平时要想一想如果遇到危险怎么办。

C.尽量用背和肩承受外来的压力，随着人流的移动而移动。

D.盲目充当英雄。

2.遇到抢劫时,我们应该怎么做(　　)

A.同伴遇到抢劫时,应勇敢站出来制止犯罪行为的发生,即使明知自己打不过对方。

B. 实在无法与对方抗衡时, 可以看准时机向灯光昏暗的地方或无人区奔跑。

C.歹徒抢劫成功后,无须再大声地呼救。

D.趁其不注意时在作案人身上留下记号,在作案人得逞后悄悄尾随其后注意其逃跑方向。

3.遇到陌生人问路时,下面做法错误的是(　　)

A.告诉他如何走。

B.自告奋勇,为其带路。

C.给陌生人留下电话,方便以后联系。

D.邀请陌生人去自家做客。

4.平日里为了有效保护自身安全,我们应该做到以下几点(　　)

A.打扮大方,穿着得体。

B.不走僻静的道路,尽量避免夜晚单独回家。

C.在一定时候要信任自己的直觉,如果发现有人心怀不轨,要立即躲避。

D.避免单独与陌生男子乘封闭的电梯。

5.常温下饭菜的保存时间不得超过(　　)小时,不吃剩饭菜。

A.2 小时　　B.5 小时　　C.24 小时　　D.10 小时

6.食物中毒以后,我们应该采取以下(　　)措施。

A.立即拨打“120”寻求帮助。

B.喝一些浓度较低的盐开水,如果喝一次不吐,可多喝几次,促使呕吐,尽快排出毒物。

C.将中毒者的呕吐物、排泄物或血尿等收集起来，以便医院做毒物分析。

D.重症中毒者要禁食24小时，可静脉输液，待病情好转后，再进食米汤、稀粥、面条等易消化食物。

7.以下预防流感的方法错误的是（　　）

A.锻炼身体，增强体质，提高抗病能力。

B.根据气候变化随时增减衣服。

C.天气转冷时，切勿开窗通风。

D.在疾病流行期间，少到人群密集的公共场所，不到病人家串门。

8.眼睛保健“三要”指的是（　　）

A.学习1小时左右要休息10至15分钟，可以向远处眺望，使眼部肌肉得到适当的休息。

B.要多吃含维生素A、B、C、D、E及钙、蛋白质的食物，使眼睛获得必要的营养。

C.在光线过强或过弱的地方读写。

D.要坚持做眼保健操。

9.据最新调查显示，在我国吸毒人群中，35岁以下的青少年比例为（　　）

A.50%　　B.30%　　C.90%　　D.77%

10.以下做法错误的是（　　）

A.非机动车可以不按信号灯行驶。

B.边骑车边听音乐。

C.过马路不走人行横道、天桥。

D.在人行道、机动车道上骑车,逆行骑车。

11.我们遇到交通人身伤害事故时,不可采取下列哪项措施(　　)

A.在无人救助的情况下,尽可能移到安全地带,以免再次受伤。

B.针对伤势采取止血、包扎、固定等自救措施。

C.取出伤口内的异物,避免伤口感染。

D.如有骨折,不要随便乱动,用现有材料固定骨折部位。

12.如果发现有人煤气中毒,我们可以这样做(　　)

A.打开门窗通风,切断气源。

B.把病人放在通风良好、空气新鲜的地方,注意保暖。

C.松开衣扣,保持其呼吸道通畅,清除口鼻分泌物。

D.如果房间里煤气浓重,不要按门铃或者拨打自家电话,以防爆炸。

13.为了保证用电安全，我们应该做到以下几点（　　）

A 安装电器、灯泡时要先切断电源。

B 不随意拆卸、安装电源线路、插座、插头等。

C 用湿布、湿手接触、擦拭电器开关、插头。

D 使用多用插座时，不要插过多的插头。

14.如果遇到有人触电时，下列几种做法哪项是错误的（　　）

A.立刻关掉总电源。

B.赶快去拉触电者。

C.用木棍或竹竿等不导电的物体挑开触电者身上的电线。

D.在医生到达前，对触电者进行心肺复苏。

15.游泳时，如果自己的伙伴溺水了，以下做法错误的是（　　）

A.大声呼救，向周围的大人请求帮助，然后拨打“110”“120”进行求救。

B.从正面去营救溺水者。

C.由于年纪较小,应在确保自身生命安全的前提下,再考虑下水救人。

D.游泳前要做热身运动,游泳时不要吃得过饱,也不能饿着肚子去游泳。

16.以下做法正确的是(　　)

A.在游泳池中跳水、嬉戏、打闹。

B.游泳遇到水草时,应采用仰泳的姿势从原路游回。

C.遇到旋涡或暗流尽量避开,如果已经接近,应直立踩水或潜入水中。

D.游泳时发生抽筋,如果离岸很近,应出水到岸上进行按摩。

17.炎热的夏季到了,青少年喜欢去游泳,但我们应该做到(　　)

A.不去不知水情的地方游泳。

B.不去野外水潭游泳。

C.不去游泳馆游泳。

D.不去水库游泳。

18.发生火灾时,青少年不恰当的救护措施是(　　)

A.发生火情,及时拨打119。

B.电器着火时需要及时关掉电源。

C.及时撤离火场。

D.搬走家中值钱物品。

19.屋里着火并有很大浓烟时,青少年不恰当的救护措施是(　　)

A.用湿毛巾捂住口鼻。

B.迅速转移到门口。

C.把身体裸露部分包住,以免烫伤。

D.躲在房间的角落里。

20.被宠物咬伤时,需要怎么做(　　)

A.一旦被宠物咬伤,要立即处理伤口,扎止血带,防止病毒流入全身。

B.用洁净的水或者肥皂水对伤口进行处理。

C.清理伤口后,擦上75%的酒精进行消毒。

D.在24小时内迅速去医院进行诊治,注射狂犬疫苗和破伤风疫苗。

21.登山对青少年的身心健康大有好处,但也存在危险,为保证安全,青少年应该注意(　　)

A.登山时有家长和老师的陪同。

B.选择安全的登山路线,做好标记,以防迷路。

C.备好运动鞋、急救药品、干粮和水,以防虚脱和中暑。

D.不要在危险地带拍照,以防发生意外。

22.在家中或者学校，为了防止坠楼事故的发生，青少年要牢记哪些（　　）

A.不要从窗户或者阳台上往下探身。

B.不要在室内追跑打闹。

C.可以踩凳子爬高看楼下是否安全。

D.不要随意开关门窗。

23.青少年缺乏社会交际经验和自我保护意识，因而上网必须把安全放在第一位，下面哪种行为会威胁到自己的安全（　　）

A.不把姓名、住址、电话号码等与自己身份有关的信息资料公开。

B.没有征得家长或监护人的同意，不轻易向别人提供自己的照片。

C.在登录网站时，用户名和密码不随意告诉别人。

D.和网友认识是件开心的事情，可以邀请网友来家中做客。

24.当青少年独自在家时，怎样避免陌生人闯入家中？（　　）

A.独自在家，要锁好房门、防盗门、防护栏等。

B.如果有人敲门，千万不可盲目开门，应首先从门镜观察或隔门问清楚来人的身份，如果是陌生人，不应开门。

C.如果有人以推销员、修理工等身份要求开门，不能轻信，可以请其待家长回家后再来。

D.不邀请不熟悉的人到家中做客，以防给坏人可乘之机。

25.以下有效预防雷击的方法中，哪项是错误的方法？（　　）

A.打雷时，室内是比较安全的，紧闭门窗，不把头手伸出窗外。

B.关掉电视，拔掉一切电源，不长时间接听电话。

C.在郊外时，可以在大树下躲雷避雨。

D.雷雨天远离易导电的物体，如金属物体、水龙头、煤气管道等。

26.当地震发生时，学生在学校避震，下面哪种方法处理不当（　　）

A.不恐慌和拥挤，听从指挥，有序撤离。

B.迅速从窗户跳下楼，防止自己被埋在废墟中。

C.教室外，就地蹲伏，避开高大建筑、危险物。

D.教室内，迅速抱头、闭眼，躲在各自的课桌下。

27.地震发生后，被埋压的人员通常采取以下哪些方法来保存体力，等待救援？（　　）

A.用湿手巾、衣服或其他布料等捂住口鼻和头部。

B.尽量活动手和脚，用周围可搬运的物品支撑身体上面的重物，避免塌落。

C.在周围安静或能听到上面（外面）有人说话时，应敲击出声，向外界传递信息。

D.无力脱险时，尽量节省力气，要静卧，保持体力，等待救援。

28.沙尘暴是灾害性天气,以下哪项是青少年应对沙尘天气的错误方法?(　　)

A.沙尘天气在广告牌下或者大树下行走回家。

B.沙尘天气要关好门窗,减少外出。

C.沙尘天气外出要戴口罩,防止灰尘吸入。

D.外出回家后,用清水漱口,清理鼻腔,减轻感染几率。

29.打架斗殴是校园里最常见的暴力行为,如果遇上别人打架斗殴时,以下哪种处置方式可取?(　　)

A.煽风点火,火上浇油。

B.不围观,不起哄,不介入。

C.帮自己熟人或朋友的那一方。

D.及时将遇到的事情告诉老师或者学校保卫处。

30.在学校,如何才能营造一个友善安全的校园环境?(　　)

A.不对网络游戏、电影及电视剧中的暴力情节盲目崇拜。

B.遇事冷静,不与同学发生冲突。

C.遇事及时向老师汇报,请求老师的帮助。

D.按时上学放学,不和社会上不三不四的人交往。

注:请学生答题完毕后,将答题卡寄至山西省太原市双塔寺街124号山西日报《青少年日记》编辑部(030012),联系电话:0351-4282498;活动组委会将于2013年12月采取抽奖评选的方式,抽取30名幸运奖,每名学生奖励1000元人民币;答题卡上必须有右上角的彩色图标,复印无效。

“国寿财险”杯
全省中小学生自救自护安全知识竞赛试题答题卡

青少年日记
山西日报报业集团

学　校：________　姓　名：________　身份证号：__________　联系电话：__________

1	2	3	4	5	6	7	8	9	10
11	12	13	14	15	16	17	18	19	20
21	22	23	24	25	26	27	28	29	30

中国人寿财产保险股份有限公司山西省分公司愿为全省青少年撑起安全伞，托起中国梦。